U0222944

超级小英雄

气候大作战

[英]马丁·多里 著 [英]蒂姆·威森 绘

王文君 译

中信出版集团|北京

图书在版编目（CIP）数据

气候大作战 / (英) 马丁·多里著；(英) 蒂姆·威
森绘；王文君译. -- 北京：中信出版社，2023.4
（超级小英雄）
书名原文：KIDS FIGHT CLIMATE CHANGE
ISBN 978-7-5217-3957-2

Ⅰ.①气… Ⅱ.①马… ②蒂… ③王… Ⅲ.①全球变
暖 - 儿童读物 Ⅳ.①X16-49

中国版本图书馆CIP数据核字(2022)第020757号

气候大作战

（超级小英雄）

著　者：［英］马丁·多里
绘　者：［英］蒂姆·威森
译　者：王文君
出版发行：中信出版集团股份有限公司
　　　　　（北京市朝阳区东三环北路27号嘉铭中心 邮编 100020）
承 印 者：河北彩和坊印刷有限公司

开　本：880mm×1230mm　1/32　　印　张：4　　字　数：150千字
版　次：2023 年 4 月第 1 版　　　　印　次：2023 年 4 月第 1 次印刷
京权图字：01-2022-1576　　　　　　审 图 号：GS（2022）1553号（本书地图系原书插附地图）
书　号：ISBN 978-7-5217-3957-2
定　价：35.00元

出　品：中信儿童书店
图书策划：火麒麟
策划编辑：范萍　　　　执行策划编辑：郭雅亭　　　　责任编辑：谢媛媛
营销编辑：杨扬　　　　封面设计：李然　　　　　　　内文排版：索彼文化

版权所有·侵权必究
如有印刷、装订问题，本公司负责调换。
服务热线：400-600-8099
投稿邮箱：author@citicpub.com

嗨! 小朋友,
我们的环保作战行动已经开始了,
每天做一件力所能及的小事吧,
你能让地球更酷!

目录

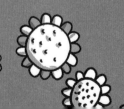
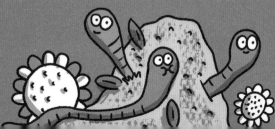

成为超级英雄，
你准备好了吗？

召集令：未来的超级英雄们，集合啦！

嗨！小朋友，你好！

你平时是怎么安排时间的？

你能抽出来2分钟时间吗？

太棒了！

那就用2分钟时间，做件非常非常了不起的事吧！

想成为一名拯救地球的超级小英雄吗？

是不是很酷？

继续往下看吧。

拯救地球，我们需要你

地球需要超级英雄来应对气候变化，理想人选就是你！

不论你有多高、住在哪里、有没有特殊本领，只要符合以下条件，你就能成为一名2分钟超级英雄。

职业：2分钟超级英雄

开始日期：就是现在

经验：无须经验

制服：不是必需，但有一件斗篷会更好

技能：热爱地球是基本要求，如果有把事情做得有趣的能力更棒

任务：

● 善待动物

● 帮助父母和朋友们

● 完成使命

● 每次花2分钟时间与气候变化作战

● 拯救世界

帮助地球应对气候变化，那个超级英雄会是你吗？

我们的地球怎么了?

地球的气候(地球上某个地区天气的多年平均状况,气候要素包括降水和气温等)正在发生变化。有些地方因此变得更热,有些地方变得更干,也有些地方则变得更潮湿。海平面在上升,高山冰川在萎缩,两极冰盖在以前所未有的速度融化。植物也在不正常的时间开花,风暴、火灾、干旱、洪水、热浪发生得越来越频繁,这一切给全世界的人、鸟类、昆虫和其他动物带来了巨大的影响。

由于气候的变化,某些地方的人类和动物连生存都变得更加艰难。

如果我们不立刻采取行动,情况只会越来越糟。

气候变化对我们有什么影响?

今天你那里是阴雨、炎热、寒冷,还是刮风?

不管我们有没有意识到,天气影响着我们每天的生活。天气冷了,我们就要穿上外套;天气炎热,就换上T恤;要是下雨,就穿上雨衣。但是,我们很难适应更极端的气候变化,也会打乱现有的平静生活。

气候变化会如何影响大自然？

从海洋最深处到世界最高峰，地球万物，包括所有的动物和植物，无不受天气影响。因此，当一贯的气候发生较大变化时，有些动植物就会无法快速适应；它们很可能找不到食物和水，或者没有安全的地方抵御风暴、洪水、火灾，从而陷入危险。年深日久，整个种群都可能会陷入同样的危险，濒临灭绝，而有的物种已经面临这种危机了。

企鹅的困境： 因气候变化带来的海洋温度上升，让非洲企鹅寻找食物变得越来越困难。幼小的企鹅追着浮游生物奋力游了几千公里，因为它们总是能指引企鹅找到最爱的食物——沙丁鱼。可是现在，沙丁鱼早已因为水温变化游去了海洋的其他地方，企鹅只能挨饿。

导致气候变化的原因是什么？

地球上的气候一直都是变化的，但最近的80年，全球的平均气温在以超乎意料的速度升高。大多数科学家认为，这样的变化是由人类活动造成的。运行中的工厂、行驶的汽车、飞行的飞机向地球大气层排放的废气，都打乱了地球的平衡。这些气体在地球上空堆积，形成了一个罩子。这个罩子阻挡热量从地球逃逸，久而久之，就会导致地球升温。全球气温的升高，使得全世界的气候出现了各种变化。

日常生活中，我们所做的每一件事都会影响气候变化。我们用餐、旅行、取暖、用电、购物的方式，有的帮助我们对抗气候变化，有的让气候变得更糟糕。所以，快行动起来吧，阻止地球进一步升温，需要你的参与！

为什么你要与气候变化作战？

地球是我们共同的家，并且是我们唯一的家园。我们在这个神奇的地方与奇妙的动植物共享一切，每个人都有义务保护我们的地球家园。大约几百万年前，我们和小虫子、海草、北极熊、海雀，都来自同一个单细胞。作为一个大家庭，我们的生命紧密相连，一家人理应互相照顾。

幸福的生活需要我们共同创造，因为你做的每一件事都会对地球产生某种影响，你扮演着很重要的角色。所以，这本书里的一系列任务，它们会帮你理解气候变化，以及怎样对抗气候变化。

每个任务都将改变你对生活方式的看法，每完成一项任务都能给地球带来益处。而你，也会成为**2分钟超级英雄**。做好事就是超级英雄的使命。

（从现在起，你将开始这份工作。）

超级英雄榜

名字: 阿里

职业: 北极狐

超能力: 在雪地里很难被发现

气候变化带来的影响: 北极越来越温暖, 积雪和海冰在减少, 我们赖以生存的食物越来越难找到

重要提醒: 穿白色伪装服

厌恶: 冰雪融化

喜好: 追逐旅鼠

阿里

加入超级英雄战队

地球需要你!

快从沙发上站起来,与气候变化作战,加入日益壮大的超级英雄大家庭吧。

这些超级英雄坚持每天做一些对地球有好处的事情。世界每个角落都有他们的身影,从极地冰盖到热带雨林,甚至在你居住的街区。在这本书里,你将见到他们为拯救地球所做的努力,希望你能受到激励,成为像他们一样的人。

我们的家园现在遇到了麻烦,不过好消息是,你不需要对付邪恶的大坏蛋,不需要对付入侵的外星人,也不需要对付可怕的僵尸。

你只需要做你自己。

勇敢地成为一名超级英雄吧!

我和我的2分钟任务

在这里，我先简单地介绍一下我自己：我的名字叫马丁，我是一名环保主义者、海滩清洁员，还是一名作家。我相信每个人都拥有改变世界的力量，也相信小行动可以带来大不同。

我发起的海滩垃圾清理活动——2分钟清理海滩，鼓励人们每天花2分钟时间捡拾海滩上的塑料垃圾。2分钟不算什么，但它真的能带来变化，尤其是如果我们的朋友和家人都一起加入进来！

我觉得我们可以用同样的方法来应对气候变化，让每个2分钟都带来改变！这就是我的目的：帮助你完成任务，成为最棒的2分钟超级英雄。

超级英雄榜

名字：马丁

职业：作家

超能力：写文章号召人们做好事

我如何与气候变化作战：捡垃圾、写书、种树、骑自行车出行

重要建议：每个人都可以带来变化

厌恶：浪费能源

喜好：太阳能热水器

马丁

如何使用这本书？

♠ 这本书包含一系列任务。每一项都能帮你理解气候变化，以及如何在生活的地方与气候变化作战，从而贡献你的力量。

♠ 每一个大任务都拆分成了一个个小任务，也就是2分钟任务，这些正是我希望你能做到的事儿。别忘了，每个任务都能获得超级英雄积分哟。

♠ 有的2分钟任务很难，有的容易些。完成更难的任务，你将获得更多积分。而且，有些任务不止需要2分钟！

♠ 每完成一项任务，记得算出你获得的积分，并记录下来。

♠ 当你完成所有任务，计算出最后的得分，就可以知道你属于哪一级超级英雄啦。

超级英雄属性： 拯救地球可以让你成就满满！

准备好行动了吗？

开始第一个任务之前，我们要对地球和地球上的一切宣誓。

我对地球庄严宣誓：

我会积极行动起来，应对气候变化。我会每天花2分钟时间，帮助大自然。

培训完成。

认证人：

2分钟海滩清洁运动发起人

超级英雄的"地球友好生活指南"

打破规则！应对气候变化是一项艰巨的工作，操作起来并不容易，然而，你并不是孤军奋战。当你行动起来，其他人也会受到你的激励而行动起来，到那时候，我们就会看到这个世界发生的变化！

帮助大自然

学着做饭

绿色出行

不浪费食物

不要浪费能源

节约能源

用制作
代替购买

2分钟超级英雄
规则

不害怕，不放弃。你做的每件事都会产生积极影响。

保持微笑！

让任务更有趣！吸引更多的人加入进来！

完成一项任务后，请坚持做下去。

不要乱丢垃圾

为什么与气候变化作战
如此重要?

你可能要问:为什么我要去作战?

尽管我们无法时刻感受到,但科学家们认为,气候变化正在每个角落时时刻刻发生着。现在,已经有许多动植物面临着威胁。而一旦一个物种受到影响,那么以它为食或靠它传播种子的物种也会有危险。所以,我们要维护世界的生态平衡!

每一种生物都对地球至关重要

植物、昆虫、鸟兽都在地球上扮演着各自的角色。无论多么微小,它们都很重要。

鸟类通过粪便传播种子。

植物是很多食草动物的食物。

昆虫为鸟类和爬行动物提供食物。

蜜蜂为花儿和庄稼授粉。

蠕虫将枯叶变成沃土。

世界是一个平衡的生态系统

我们的世界是由许多不同的生态系统组成的。生态系统是某一特定区域内，相互作用的生物群体与环境（如水、土壤和气候）构成的统一整体。生态系统有大有小，它可以是整个地球，也可以是一座珊瑚礁、一片草地，或者你所在城市公园里的一棵老树。生态系统中的每一种相互作用都很重要，因为在这个系统中，每一种事物跟其他事物相互依赖，达到一种刚刚好的平衡。

例如，在非洲丛林这个生态系统中，大象会踩踏较矮的植物，为树木创造生长空间。它们还会吃掉这些植物，然后把种子排出来。这些种子长成新的植物，为各种动物提供家园和食物。

如果你把大象从这个生态系统中移走，一切都会改变。没有大象的粪便，植物生长就会受到影响，进而影响其他生物的居所或食物来源。

超级英雄榜

名字： 内莉

职业： 非洲象

超能力： 拥有厉害的象鼻

气候变化带来的影响： 干旱让我更难找到水喝

重要启示： 我通过粪便传播种子

厌恶： 与人类竞争生存空间

喜好： 在水里玩耍

内莉

生态失去平衡会发生什么?

当气候变化,或者其他情况发生,比如某种动物的栖息地消失或被污染,生态系统的平衡遭到破坏时,生活在那里的动物可能会失去赖以生存的食物、水或者庇护所。例如大熊猫要吃很多竹子,可如果气候变化影响了竹子的生长速度,大熊猫的数量也会减少。

当一个物种的最后一只动物死亡,这个物种就灭绝了,我们就再也看不到它们了。你听说过渡渡鸟或塔斯马尼亚虎吧,它们在很多年前就灭绝了。现在你只能去博物馆才能看到渡渡鸟。

你知道吗?仅2019年一年,就有20多种动物灭绝,其中包括三种鸟、一种小型哺乳动物和一种夏威夷的蜗牛。它们将再也不会出现在地球上,这就是我们为之作战的理由。

好消息!

不过也不要绝望!有很多方法可以帮助我们应对物种灭绝。

以河狸为例,因为捕猎,16世纪这种动物在英国灭绝,但是现在河狸又回到英国了!

由于人们精心的保育工作,河狸又被重新引入英国的一些地方,包括苏格兰地区和德文郡。河狸会筑水坝,创造新的生态系统,帮助防洪。

我们又拥有聪明、勤劳的河狸啦!

我们也必须为自己而战！

　　人类很聪明，然而我们却不能独自生活在地球上。如果没有蜜蜂，谁来帮我们的庄稼授粉？如果没有浮游生物，鱼就没有食物，我们也就没有鱼可捕捞。如果没有土地种庄稼，没有树木为我们提供呼吸所需的氧气，我们将一无所有，甚至无法生存。我们需要大自然的帮助！

　　我们都是地球生态系统中的一部分，这意味着地球受到的任何影响，最后都会反映到我们自己身上。我们必须行动起来，这是我们作为超级英雄的职责！

也有坏消息！ 超过 32 000 个物种处于濒临灭绝的境地。

40％的两栖动物、
25％的哺乳动物、
14％的鸟类
濒临灭绝！

气候变化带来的影响

好，超级英雄们！我们知道了为什么要应对气候变化，接下来，我们将一起了解气候变化造成的后果。有些后果很可怕，有些后果令人痛心。但不要望而却步，全世界的人都在团结起来战斗。

气候变化是真的吗？

有些人会告诉你气候变化不是真的。这可能是因为他们了解得不够，害怕改变，或者正通过毁坏地球赚钱。

绝大部分气候学家认为，由人类活动导致的气候变化是真实存在的。也有可能当你完成了所有的任务，发现其实形势没有你想的那么糟呢。

如果你种了更多的树，骑自行车出行，和朋友们步行去上学，照顾蜜蜂，欢迎小动物和鸟住进你的花园，吃新鲜美味的当地食物，减少浪费，穿可爱又环保的衣服，而地球却没有发生任何变化呢？

别担心！就算这样，你还会省下来很多钱，也有时间和朋友们在一起，还能观赏野生动物，享受健康的人生，每天穿的衣服也是温暖舒适又迷人。这样也不错，对吗？

气候是怎样变化的？

随着地球温度的升高或降低，全球气候也会随之变化。但是现在，全球平均气温却在稳步上升。科学家们预计，到21世纪末气温将会升高3~5℃。

根据美国国家航空航天局（NASA）的数据，截至2020年，2016年是自1880年以来气温最高的一年。在最近140年的记录里，最热的10年都出现在2005年以后。

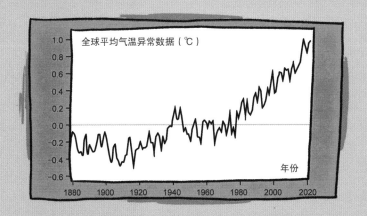

2019年是近140年来气温第二高的一年。全球气温比1850—1900年的平均气温升高1.1℃。1900年之后，工厂出现了。

随着地球变暖，天气变得越来越极端，科学家们注意到：

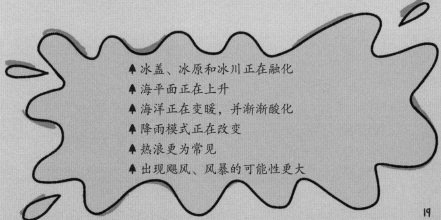

↟冰盖、冰原和冰川正在融化

↟海平面正在上升

↟海洋正在变暖，并渐渐酸化

↟降雨模式正在改变

↟热浪更为常见

↟出现飓风、风暴的可能性更大

气候变化对大自然有什么影响？

气候变暖听起来还挺好的，对吗？我们都喜欢温暖、晴朗的天气。

但事情可不是这么简单。

虽然我们经历了小冰河期和温暖时期，但几千年来，地球上的气温一直相对稳定，地球上的生命已经适应了这样的环境。

气候决定了哪里有沙漠，哪里有降雨，冰川何时融化，每年的哪个时节枝繁叶茂、鲜花盛开。每个物种都已经适应了它们的生活环境：蜜蜂适应了给植物授粉，北极熊适应了有大片浮冰的北极生活，南极企鹅也适应了南极海域。从高山山顶到海洋中的珊瑚礁，世界各地都形成了复杂又平衡的生态系统。

而随着全球气温开始上升，生态系统很难再保持平衡。它们可能会变得更炎热、更潮湿或更干燥，进而导致各种植物、昆虫、鸟兽失去它们的食物来源或家园。

难以置信：气候变化会对海龟产生影响。筑巢地的沙温升高会影响它们幼崽的性别。

冰块消失：根据目前气候变化的速度，到2050年，夏季的北极将不再结冰。

因为全球变暖，海水更难结冰，北极熊只得在陆地上待更长的时间，才能等来踏上冰块捕食海豹的时机。

为了找到适宜生存的凉爽温度，高山生物正往更高的地方迁徙。

海水温度升高使珊瑚礁处于白化的危险中，那时它们将失去色彩和生命。

北美和欧洲的大黄蜂数量急剧下降。

超级英雄榜

名字: 彼得

职业: 北极熊

超能力: 在极地冰盖上生存

气候变化带来的影响: 我的家园正在融化！我需要冰盖去狩猎我的茶点

重要建议: 学会游泳

厌恶: 在人类的垃圾桶里找吃的

喜好: 悄悄地爬向海豹

彼得

气候变化对我们有什么影响？

嘿！来看看这张地图，可别被吓到。相反，要让这些知识激励你完成书中的所有任务，让它为你指引方向。你可以带来巨大的不同。

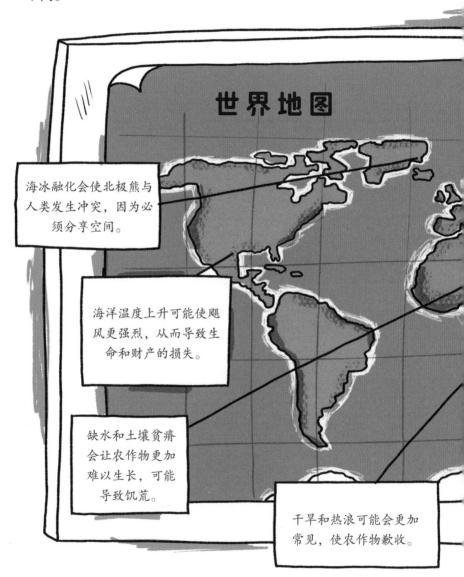

世界地图

海冰融化会使北极熊与人类发生冲突，因为必须分享空间。

海洋温度上升可能使飓风更强烈，从而导致生命和财产的损失。

缺水和土壤贫瘠会让农作物更加难以生长，可能导致饥荒。

干旱和热浪可能会更加常见，使农作物歉收。

人类的迁徙： 2018年，有144个国家的1720万人口因自然灾害被迫离开自己的家园。

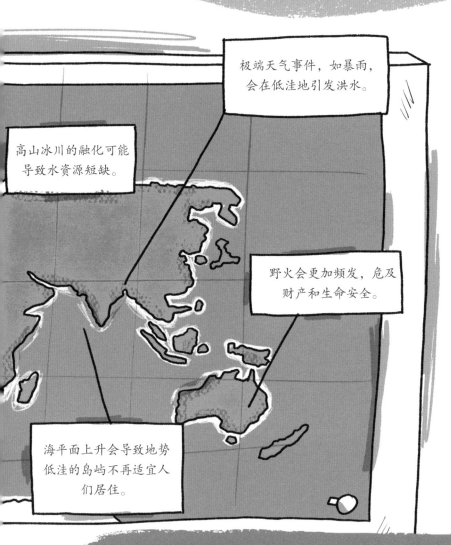

极端天气事件，如暴雨，会在低洼地引发洪水。

高山冰川的融化可能导致水资源短缺。

野火会更加频发，危及财产和生命安全。

海平面上升会导致地势低洼的岛屿不再适宜人们居住。

潜水的人： 如果海平面继续上升，到2100年，预计将有超过1.5亿人生活的地方低于海平面或正常洪水水位。

任务开始了……

任务 1

计算你的碳排量

在第一个任务里，我们将关注气候变化背后的成因。

如果你理解了全球气温升高的原因，就能懂得如何应对它，以及重视你在2分钟内所做的事情。让我们行动起来吧！

温室效应

地球被气体包裹着，例如氧气和氮气，它们构成了大气（空气）。大气中还有一小部分科学家所说的温室气体，包括二氧化碳和甲烷。

之所以得名温室气体，是因为起初人们误认为大气的保温机制与温室玻璃的保温机制相似。白天，太阳照射地球表面，到了晚上，热量会散发到大气中。温室气体捕获一部分热量，帮助地球维持在一个稳定的温度，既能够满足生物的生存需要，又不至于过热。

虽然目前情况还算不错，但人类活动使大气层里的温室气体增加。我们燃烧汽油、航油和煤炭，就会释放出二氧化碳。而牛放屁、打嗝，则会释放另一种温室气体甲烷。人类往大气中排放的温室气体越多，大气吸收的热量就会越多，继而导致全球平均气温升高。

太阳

太阳的热量

含有温室气体的大气层

地球

留在大气层里的热量

散发的热量

你的己分钟任务： 晴天的时候，找一间温室或是有大窗户的房间。观察一下，当阳光透过玻璃照进来的时候，室内的温度会有什么变化。你也可以找一支温度计，测一下室内和室外的温度，看看它们的温差。（5分）

减少温室气体排放

为了应对气候变化，我们需要减缓全球升温的趋势，这意味着我们应该寻找一种新的生活方式，比如减少二氧化碳和甲烷等温室气体的排放。

二氧化碳从哪里来？

碳元素是地球的一种基础元素。几乎所有的东西都含有碳元素：你、我、树木、动物，以及你的运动鞋等等。当这些事物开始变化，比如，一棵树的生长，你的呼吸，或者一双新的运动鞋送到你家门口，碳就会被存储起来，或被释放到大气中。释放到大气中的碳与氧结合，生成无色无味的气体二氧化碳（CO_2）。

♠ 人和动物从空气中吸入氧气，呼出二氧化碳。

♠ 一些需要烧燃料的人类活动，例如开车、乘坐飞机旅行，也会向大气中释放二氧化碳。

♠ 树木、其他植物和海洋会吸收二氧化碳，并以碳的形式在它们的叶子里或通过海洋里的浮游生物存储起来，然后将氧气释放到大气中。

超级呼吸： 一个普通的超级英雄每天呼出约1千克二氧化碳。

了不起的树： 一棵树一年大概可以吸收21千克二氧化碳。

树木利用碳长出新的叶子

树木吸收二氧化碳并释放氧气

释放氧气

吸入氧气

吸收二氧化碳

呼出二氧化碳

车排放二氧化碳

运送我的鞋子

一辆运送新运动鞋的货车燃烧化石燃料，并排放二氧化碳

人和动物吸入氧气，呼出二氧化碳

化石燃料和二氧化碳

我们燃烧化石燃料获取能量，这是导致气候变化的主要原因之一。化石燃料包括煤、天然气和石油等，是几百万甚至数亿年前埋藏在地下的生物遗骸，经过长时间的高温和高压作用形成的。我们从地下开采出这些化石燃料，然后通过燃烧它们发电、取暖、为交通工具提供动力。问题是，化石燃料里含有大量碳，一经燃烧，它们会将储存的碳以二氧化碳的形式释放出去。

化石燃料和我们的生活

在过去两百年里，化石燃料改变了我们的生活方式，让我们的生活更美好、更温暖、更轻松。然而，无论我们喜欢与否，我们所做的每一件事都有"碳成本"：它要么释放二氧化碳，要么储存碳。

目前，我们使用化石燃料向大气中释放的二氧化碳，超过了植被、海洋和森林能够吸收的量。我们必须放慢速度！

低碳生活： 2020年，人们由于受全球新冠肺炎疫情的影响减少了出行。与2019年相比，全球化石燃料二氧化碳排放量降低了约24亿吨。

你的碳足迹

碳足迹是指你在日常生活中排放到大气中的二氧化碳量。

你做的每一件事，都会让你留下"足迹"。这包括你家用什么方式取暖、你吃什么、买什么，当然也包括你怎么去学校。

你的每一个选择都会影响你在地球上留下的"足迹"。它就像你踩在沙子上。如果你轻轻地踩上去，几乎不会留下足迹；如果你的脚步很重，就会在沙子上留下明显的印迹。

你的2分钟任务： 思考一下你的碳足迹。你能想到一件明天就可以做的小事，来减少你的碳足迹吗？（10分）

超级英雄的碳足迹

对应对气候变化的超级英雄们来说，他们的生活方式是经过仔细考虑的，以尽量减少对地球的影响。他们的碳足迹很小，因为没有人能做到完全没有碳足迹。他们会尽量选择步行，而不是搭乘电梯；他们不浪费食物或能源；他们刷牙的时候总是关掉水龙头。

阅读接下来的几个章节，你就会明白他们为什么这样做。
而你，也能够做到！

任务 2

想想你的动力来源

现在你已经知道了我们为什么而战，那就从现在开始行动起来吧。我们先从能源开始。"使用能源"这个问题非常简单：用得越多，对地球的影响就越大。如果我们想减少碳足迹，就需要认真了解我们使用的是哪种能源，以及它是怎样得来的。

能源是做什么的？

能源是一种非常神奇的东西！

它是你跑步时呼哧呼哧的喘息声，是汽车的嗡嗡声，是火车的哐当哐当声，是浴室里水流的哗啦声。它也是你粥碗里冒出来的热气，收音机里响起的音乐，手机的振动，以及你生活中看到的光。能源可以让万事万物运转起来。

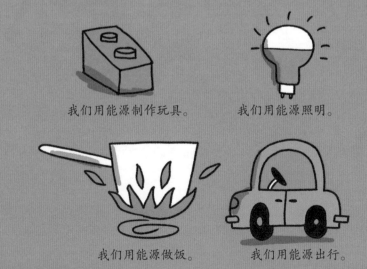

我们用能源制作玩具。　　　我们用能源照明。

我们用能源做饭。　　　我们用能源出行。

今天我们的生活用什么做动力？

对生活在地球上的我们来说，最主要的能源是电，就是那些流经插头的电流。它能让电视机亮起来，给手机充满电，还能让灯发出明亮的光。除了这些，洗衣机的转动、温暖的洗澡水、冰箱制冷、音乐的播放，以及工厂、商店和学校的运转全都要靠它呢。但这种能源是从哪里来的呢？

电是我们日常生活中离不开的能源，它通过电网（电力系统）从发电站输送到我们家里，以电流的形式在电线中流动。

聪明的我们可以从大量的资源中获取电能。有些资源是可再生的，源源不断的，而有些是不可再生的，总有一天会用完。

对地球来说，有些能源更友好，因为它们不会排放温室气体或污染环境。

你的己分钟任务： 思考一下能源问题！想想今天你做了什么，是否用到了能源，用的是什么能源？（10分）

不可再生能源

不可再生能源总有一天会用完。

化石能源是有限的，需要数百万年的时间才能形成，而我们消耗的速度比它们形成的速度要快。石油、煤炭和天然气等化石能源开采出来之后，我们会燃烧它们获取热能和电能，或作为燃料驱动汽车、轮船和飞机。

化石能源燃烧时会释放热量、水、二氧化碳和污染物，所以，化石能源被称为污染型能源。

石油、煤和天然气：发电站利用它们发电，会产生大量的温室气体。

汽油和柴油：它们从化石能源里提炼出来，可以给汽车提供动力。

可再生能源

化石能源并不是我们获取能源的唯一途径。我们可以利用可再生能源替代那些不可再生能源。可再生能源不会耗尽，也不会向大气中排放二氧化碳等温室气体。因此，它们也被称为清洁能源。

风能： 可用来驱动风轮机转动发电。

太阳能： 可用来发电或为水加热。

水能： 可用来驱动水轮机发电。

地热能： 来自地下深处的热水和蒸汽可用来驱动汽轮机。

超级英雄榜

名字：夏洛特

职业：学生

超能力：从太阳获取能量

怎样应对气候变化：利用太阳能洗浴

重要建议：用太阳能洗浴真是太棒了

厌恶：浪费能源

喜好：利用太阳能洗浴

夏洛特

神奇的太阳能

太阳能不用花一毛钱，不会产生任何温室气体，而且取之不尽，可以说是未来最好的能源。即便是在英国这样阳光不充足的国家，太阳能也能提供足够的能量照亮屋子。要想将太阳能转换成电能，或将其储存起来加热洗澡水，则需要太阳能电池板。

太阳能发电小知识：

中国是太阳能资源非常丰富的国家，虽然目前太阳能发电仍处于起步阶段，但其发电量已经约占全球总发电量的30%。

水力发电

水能也是一种清洁能源。它利用水下落或流动产生的能量驱动水轮机发电。

水能小知识： 挪威的水资源十分丰富，超过90%的电能来自水力发电！而在英国，只有1.8%的能源来自水能。

利用风能

风能也可以为我们所用。当风吹来的时候，你会看到高高的风轮机的叶片在转动，从而产生电能。风轮机一般装在有风的地方或是海洋中。风能是一种清洁、高效、永不枯竭的能源。简直太神奇了！

风能小知识： 在英国，约20%的能源是由风能产生的。在多风的日子里，这个比例高达25%。

你的2分钟任务： 你家使用的能源来自哪里？你知道哪些能源企业利用可再生能源发电？和父母聊聊这方面的话题。（30分）

在家里与气候变化作战

气候变化是一件奇特的事，你在上学的路上或在公园玩的时候可看不到它。它很难对付，就像一个会不断变化的敌人。

然而，我们在家里、学校或外出时，都在悄无声息地影响着气候变化，即便我们不能立竿见影地看到对它的影响。而要产生好的影响，最好的办法就是行动起来。就从你家里开始！就像关掉电灯一样简单。

让你的任务变得有趣

不得不承认，应对气候变化并不总是有趣或令人兴奋的。但作为超级英雄，你的工作就是让你的任务变得有趣。怎么做？你来决定。用你特别的超级英雄视角来看待它，这很重要，相信我！

试一试吧，比如，为你的家人设计一些小游戏，或者画画，激发他们的兴趣，并让他们为你们所取得的成绩感到自豪。你在这次作战中所做的每一件事都是有意义的。

家庭真相： 2018年，英国约18%的碳排放来自供暖、照明、烹饪和手机充电。

大家一起战斗

当你出门或睡觉时，有多少电器处于待机状态，指示灯还在闪烁？电视机、电脑、游戏机、打印机，即便你没有用这些设备，它们处于待机状态时仍然会消耗能量。

是时候成为一名能源警察了！

拔掉处于待机状态设备的插头，不仅可以减少你的碳足迹，还可以节约能源，为家里省钱！

你的2分钟任务： 数一下家里经常待机的设备，在每台设备上贴一张便笺：别浪费！拔掉插头！（20分）

关灯

你的家人离开房间时会开着灯吗？呃……每一盏不必要开着的灯都是在浪费能源。

你的2分钟任务： 制作一张包括所有家庭成员的表格。每当有人离开房间时关掉了灯，就奖励他一颗金色的星星。看看谁会成为节约能源的高手。（10分）

穿厚点儿，应对气候变化

家庭消耗能源最多的是取暖，我们的家庭供暖产生了大量的碳排放。你可以根据实际情况，把室内温度调得低一些，或者在没那么冷的时候不开供暖。

记得关门！

你的2分钟任务： 离开房间时请关门，这样可以阻止热量外散。（5分）

窗帘是你和地球的保护层！

你的2分钟任务： 晚上拉好窗帘，保持室内温度。（5分）

超级英雄们，穿上外套！

你的2分钟任务： 当你感觉有点儿冷时，穿上外套，而不是打开暖气。（5分）

把毯子当披风，霸气地裹在身上！

你的2分钟任务： 在床上裹着毛毯，不要打开暖气。（5分）

穿上袜子！

你的2分钟任务： 放学到家后穿上羊毛袜子或者超级英雄拖鞋，这样你的脚就不会冰凉。（5分）

关暖气的时间长一些！

你的2分钟任务： 你家暖气是否设置了定时开关？问问父母，你是否可以改变它的设置。每天少开一小时也会有效果。（10分）

减少娱乐

看电视也会排放温室气体。而在网上看节目或追剧，会释放更多温室气体，因为连接网络传输节目内容也要消耗能源。如果你的家人在同一时间各自上网看节目，消耗的能源比大家一起看同一个节目要多得多。

你的己分钟任务： 一起观看你们喜欢的节目，而不是各看各的，就像在电影院里，大家吃着爆米花和零食一起看同一部电影。这很有意思，而且有助于拯救地球！（10分）

为了地球，循环利用

你知道循环利用对地球的好处吗？循环利用越多，扔到垃圾桶里的就越少，地球就会受益越多。扔掉的玻璃、塑料和金属，我们都得消耗能源重新制造，这真是很大的浪费呢。所以，我们越积极地回收再利用，我们的碳足迹就会越小。

循环利用：认识哪些东西可以循环利用，哪些不可以。

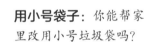

修理旧物：旧物坏了就修好再用，而不是直接扔掉。

用小号袋子：你能帮家里改用小号垃圾袋吗？

再装东西：用过的塑料瓶和玻璃罐可以洗干净后再装其他东西。

重复使用：塑料袋别扔，下次买东西的时候可以再用。

你的己分钟任务：负责家里的回收工作，做回收日的国王或女王。准备好所有能回收利用的物品，并放进正确的垃圾箱。（10分）

在厨房与气候变化作战

对于地球上的每个人、每一种生物，食物都是不可或缺的。就像树木需要雨露阳光，水獭需要吃鱼，我们需要午餐。没有食物，就不能维持日常生活。

随着人口数量的增加，让地球上的每个人都吃饱就会是一个大难题。大家都知道我们需要生产更多的粮食，但具体怎么做很重要。因为粮食的生产过程也会导致气候变化。我们要仔细考虑我们要吃什么，如果有一些是我们能做到的改变，那就应该行动起来！

为了你和地球，请健康饮食

每个人都需要均衡的饮食才能健康长寿。吃得好，你的身体才会更健康。不过，对超级英雄来说，得多考虑一下盘子里的东西会对地球造成什么影响。有些生产农作物和饲养动物的方式会比其他方式产生更多的碳排放，因此饮食习惯确实会影响碳足迹。你不必对自己的饮食习惯做太大的改变（除非你自己愿意），但可以考虑在家里做点儿小改变。

让我们先想想你的盘子里可能有什么。

我们每天的饮食都少不了蛋白质的摄入，优质蛋白质不仅能增强身体的抵抗力，还能让你长得更高、更强壮。蛋白质的主要来源就是肉类和奶制品，但你知道吗，肉类生产和消费也会对环境产生负面影响。

吃肉和奶制品会影响地球吗？

饲养动物需要土地，这些土地原本可能是森林。动物的生存需要食物和饮用水，而这些都会消耗能源。还有某些动物的行为和活动都会对气候产生一定影响，比如牛在打嗝、排便时会产生一种温室气体——甲烷。

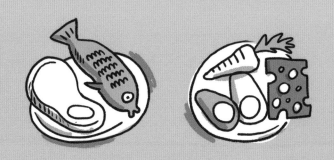

吃当地食物

如果你吃肉，可以想想你吃的肉是从哪儿来的。和经过几千公里运输才到你盘子里的肉相比，产自你居住地附近的肉，碳足迹要少很多，所以我们应该尽可能吃当地生产的食物。对地球而言，饲料的种类也很重要，用草喂养（牛或羊）或用玉米喂养（鸡），比用南美洲热带雨林出产的大豆喂养更好，碳排放量更少。

为什么选择当地生产的肉类？

♠ 它的碳足迹比进口肉类更少。

♠ 草饲肉类更环保，因为可以充分利用土地资源。

♠ 管理良好的牧场可以有效地储存碳。

你的2分钟任务： 如果你是一个爱吃肉的人，跟家人商量吃本地产的肉。这是一件非常简单的事，但却能产生好影响。（20分）

餐盘里的鱼

　　吃鱼也会影响地球。鱼类在海洋生态系统中扮演着重要的角色。由于过度捕捞，有些鱼类现在已经濒临灭绝。而一些大型鱼类则会被误伤，比如，捕捞金枪鱼时捕捞到了海豚。捕鱼的另一个不良影响是会产生大量对海洋生物有害的塑料垃圾。所以下次你在狼吞虎咽地享用炸鱼和薯条的时候，花2分钟时间想一想你的鱼是怎么到盘子里的。

　　你的2分钟任务： 找找相关资料，看看你经常吃的鱼是怎么来的。如果不够环保，试试换一种对海洋的可持续性更友好的选择。（20分）

均衡的饮食更重要

均衡的饮食习惯意味着，你既需要吃适量的肉、蛋、奶和蜂蜜，还要尽可能多地摄入新鲜蔬菜瓜果，如西红柿、黄瓜、草莓、香蕉等等。

而且每天每餐都尽量保证营养均衡，你可以自己搭配这些食物，也可以让父母为你规划饮食。

超级英雄榜

名字：亚当
职业：皮划艇运动员
超能力：保持身材匀称和健康
如何应对气候变化：适量吃肉和奶制品，多吃蔬菜
重要建议：均衡饮食真的很健康
厌恶：只吃单一食物
喜好：种类多样的食物

亚当

为什么在家做饭很棒?

无论你是哪种饮食习惯,从零开始学做饭吧,它比直接买快餐或半成品对你和地球都更有益处,还可以减少塑料垃圾!在家里做饭比买快餐或外卖需要更多的时间,但不会花费更多。每周帮父母做一顿饭,有助于你和地球变得更健康!在图书馆里找几本酷酷的烹饪书,看看哪些食谱适合像你这样的超级英雄在家大显身手。

杜绝浪费

扔掉食物对地球真的很不友好,不仅因为浪费粮食是不好的行为,还因为这些作物的生长和处理都需要消耗能源。收集厨余垃圾,再把它们处理掉,都会释放温室气体。所以,尽量把这些食物吃完吧!杜绝浪费食物,从光盘行动开始!

你的2分钟任务: 如果你的晚餐没吃完,别急着倒进垃圾桶,对一些可以留待下次再吃的食物,把它们装起来第二天再吃吧。(5分)

任务5

节约用水，与气候变化作战

日常生活中我们使用水的方式也是能源消耗的一部分。把水抽到家里，净化过滤，以便安全饮用，或者加热后用来洗漱，这些都需要用电。

这并不是说我们应该不洗澡、不喝水或不洗衣服，没有人喜欢臭臭的超级英雄，但我们用的水越少，就越能减少我们的碳足迹，对地球就越有益！从现在开始只洗淋浴吧。速度要快！

水的使用如何影响气候变化？

你用水的方式越明智，对地球的帮助就越大。

清洗餐具：
手洗或用洗碗机都需要用能源将水加热。

清洗衣服：
有些洗衣机会将水加热清洗衣服。

冲洗马桶：
马桶用水大概占我们用水量的30%。

清洗自己：
我们淋浴或泡澡使用的热水需要使用能源加热。

冲水前想一想

　　厕所很浪费水。在这方面减少用水每年可以节约数百升水，同时还能降低能源消耗、节省家庭开支。

　　在父母的帮助下，制造一种节水设备其实并不难。有了这种设备，每次冲水都能既节约用水又节约开支。一举两得！

把节水装置放进马桶水箱里： 如果你家有四口人，每人每天上四次厕所，每次冲水用掉6升水，那么每年将用掉超过35000升水！就只是为了冲厕所！

你需要：

一个干净的小塑料瓶（500毫升的饮料瓶或牛奶瓶）、干净的石头

1. 在父母的帮助下，把瓶子的上半部分裁掉。

2. 取下水箱的盖子，把瓶子放在角落里。不要让它碰到马桶的任何零部件。

3. 在瓶子里装些石头使它沉下去。

4. 让水箱充满水，也确保瓶子充满水。

5. 现在冲水看看瓶子是不是满的。这就是你每次冲马桶节省的水量！

6. 把水箱盖盖好。

你的己分钟任务： 和父母一起制作一个马桶节水装置。

（20分）

不要泡澡：
淋浴比泡澡用的水少，所以多淋浴，而不要在浴缸里泡澡！

快点儿淋浴：
别磨蹭！用一半的时间洗澡可以节约一半的水。

刷牙时关掉水龙头：
如果你还没有这样做，那就从现在开始。刷牙时关掉水龙头，非常简单，却可以节约用水。

低温洗衣：
帮助家人一起洗衣服！
水温设置为30℃，而不
是40℃或60℃。这样可
以省下加热水所需的
能源。

装满洗碗机： 当你开启洗碗机之前，先装满它，这样可以节约水电。
为了地球，参与进来吧！在洗碗机里堆满碗碟可以帮你家省钱，也可
以让你更快进入超级英雄的状态！又是一件一举两得的事。

你的己分钟任务： 每天做一件上述节水小事。（每件5分）

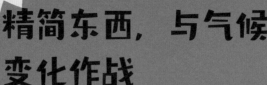

任务6

精简东西，与气候变化作战

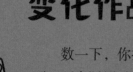

数一下，你拥有多少东西，而实际用过多少。

一项调查显示，一个十岁孩子平均拥有238件玩具。

如果你跟这些孩子一样，那你的玩具差不多也是这么多。

其实，这些玩具你经常玩的通常只有其中的12个。什——么！

也许是时候为了我们热爱的地球精简东西了。

为什么拥有太多东西对地球不是好事？

你所拥有的玩具、游戏机、乐器、运动装备都有碳足迹，包括制造这些物品所需的能源和材料，还有用于运输和处理它们所消耗的能源。

如果它里面有电子元件或电池，或者是塑料做的，那么当你把它扔掉的时候，它就有造成污染的危险。这是个问题，但我们有解决的方法！

> **你的2分钟任务：** 把你所有的玩具都摆在卧室地板上。选出你最近几个月玩过的，把它们放在一起。剩下的玩具，包括那些坏了的或缺少零件的放在另一边。（5分）

如何处理你不想要的东西？

　　你不需要、不再玩，或者已经坏了和不喜欢的东西，可能对你不会再有什么用处，但其他人也许需要它！所以无论如何，别把它们扔掉！这里有四个简单的任务，可以让你的旧东西找到一个很好的新家。

你的己分钟任务： 把你的玩具捐给慈善机构，帮助筹集善款。（10分）

你的己分钟任务： 把你的玩具捐给福利机构，让其他孩子可以免费玩。（10分）

你的己分钟任务： 把你的旧玩具送给比你小的孩子，他们会非常喜欢的。（10分）

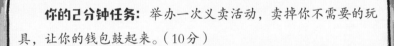

你的己分钟任务： 举办一次义卖活动，卖掉你不需要的玩具，让你的钱包鼓起来。（10分）

避免拥有更多的物品

你的玩具是怎么来的？是你用自己的零花钱买的，还是在圣诞节和生日时得到的礼物？又或者是你在学校获得的奖品，帮家人做家务得到的奖励？

收到礼物或者给自己一些小奖励是好事，特别是当你有过辛辛苦苦攒钱经历的时候。但是，试试改变礼物的种类或花钱的方式，不要都选择实物。把你过生日的钱或零花钱用在其他更有趣的事情上，比如出去玩一天，享受美妙的时光，怎么样？

为什么经历比物质更美好？

物质可能不能给你持续的快乐，不能让你兴奋得发晕，也不能让你拥有一段更快乐的经历。

当你打开一件礼物或买到一件玩具的那一刻可能很兴奋，但那种感觉通常不会持续很长时间。玩滑梯、骑自行车、吃美食、和你爱的人待在一起，这些比起物质带来的感受，会让你感觉更安全、更温暖、更幸福。

花一些时间和你的朋友在公园里玩，远远好过在平板电脑上玩各种游戏。和家人参观一座宏伟的博物馆，也比看着家里摆得满满的储物架要有趣得多。

你的2分钟任务: 下次有人问你想要什么生日礼物或圣诞节礼物,考虑考虑你想做的事情,比如一些体验活动,而不是要更多的实物礼物。（20分）

最佳体验活动

1. 学吉他或滑板。

2. 去博物馆或美术馆玩一天。

3. 抽一天时间去看你最喜欢的球队比赛。

4. 去电影院或剧院。

任务7

正确使用小设备，
与气候变化作战

你平常会使用什么电子设备学习和放松呢？比如笔记本电脑、平板电脑、游戏机、电子玩具或其他一些小设备。不得不说，它们对地球是有害的，但如果小心使用，它们就不会带来害处。

小设备的用电

所有电子产品都是用电的，即便它们处于待机状态或休眠模式也会有碳足迹。因此，当你不使用的时候最好关掉电源，这是应对气候变化的一个好方法。很简单吧！

如果你的小设备使用电池，可以考虑可充电电池，而不是那种用完就扔掉的一次性电池。

你的2分钟任务： 问问父母，家里有没有不常用却处于待机状态的电子设备？是否可以拔掉它的电源插头？（5分）

你不需要最新的电子设备

电子设备确实很好玩儿，而且总有新款更新换代！每当这些设备升级，旧的就会被扔掉，释放出更多的温室气体。

那么，如何用你的电子产品应对气候变化呢？尽可能长时间地保留它们，爱护它们，使用它们。如果你不再喜欢了或它们损坏了怎么办？下面的图表会告诉你答案。

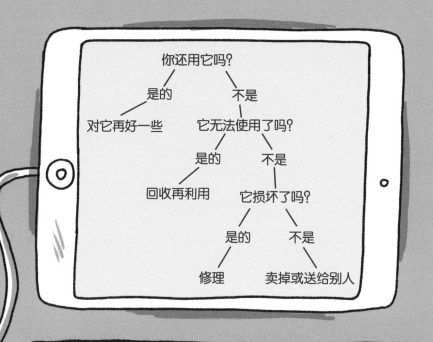

你的己分钟任务：检查一下你的旧设备，如果它们坏了，看看能不能修理好。如果不能，就回收再利用。如果可以使用，就把它们送给别人或者让父母帮忙卖掉。（20分）

管理好你的衣柜，
与气候变化作战

那些2分钟超级英雄都穿什么衣服？华丽而飘逸的斗篷，像超人那样穿在外面的内裤，还是面具和兔子拖鞋？

那你肯定看起来非常时髦。

但是你知道吗？你穿的衣服对气候变化也有很大的影响。是不是很神奇？准备好迎接最重要的任务了吗？穿上你的个性帽衫，开始应对气候变化之战吧！

有趣的时尚

时尚是一个巨大的全球性产业，商场通过把衣服卖给你我及妈妈们，每年赚取数百亿元的利润。总有人想赶时髦，追求流行的新款衣服，然而服装款式更新很快，也许刚买回来不久，又出现了你更喜欢的样式。

这就带来了问题：制作新衣服消耗资源的速度太快了，快到地球还来不及产生新的资源。

令人震惊的水资源知识： 生产一件棉T恤需要2700升水，而生产一条牛仔裤需要9000升水。

时尚什么时候变快了？

"快时尚"指的是把最新的T台时装变成超便宜且款式多的服饰。只需要百十块钱，任何一个人都能穿得像个明星，即使这些衣服可能做得不太好，也可能穿不了太久，可能只穿一次就扔了。快时尚服装通常是由化学纤维制成的，而化学纤维通常从塑料中提取而来。也就是说，我们从化石能源中提取塑料来做衣服，这种材质的衣服很难被分解。

这么做是不是挺傻的？我们为什么要这样浪费我们的钱和地球资源呢？

关于衣服的可怕知识： 在美国，85%的衣物或者被焚烧，或者被送到垃圾填埋场。

石油钻井

化学处理过程

化纤外套

制造

垃圾填埋

购物袋

购买

运输

进入商场

包装

衣服是如何制造的？

要回答这个问题，不仅仅要考虑制造衣服使用哪种材料，还涉及运输和处理旧衣物的方式。世界各地的工厂都有人从事服装制造，这些工人的工作条件通常很艰苦，还要接触危险的化学物质，而且工资微薄。

对于时尚浪费，你能做些什么？

每个人都需要衣服，所以你不能为了拯救地球而不买衣服、不穿衣服。

衣服穿一段时间就会变得破旧，如果你经常穿、经常洗，衣服更容易破旧，要是遇上从自行车上摔下来之类的小事故也会把衣服弄破。

超级英雄穿的衣服也是父母买的，但这并不是说你就不能自己决定买什么衣服。校服一般是学校统一订的，但你可以在其他衣服上做出一些改变！

你可以试着选一些环保的品牌，或者尝试自己制作衣服。这需要技巧，但是会很有趣，非常有用，而且可以为你节省很多钱。从学着编织一条围巾或一顶帽子开始吧！你也可以试试自己动手做一些可重复利用的口罩，送给家人和朋友。

你的2分钟任务： 观看网上的教学视频，制作可重复利用的口罩。

你需要一件干净的旧棉T恤和一些松紧带。完成这个任务可能会超过2分钟，但它非常有意思，而且可以有效地减少浪费！（50分）

地球时尚

你不需要去商业街买衣服，也不必随大流。"地球时尚"是一种新的着装方式，为世界更美好的未来而设计。要不要试试？

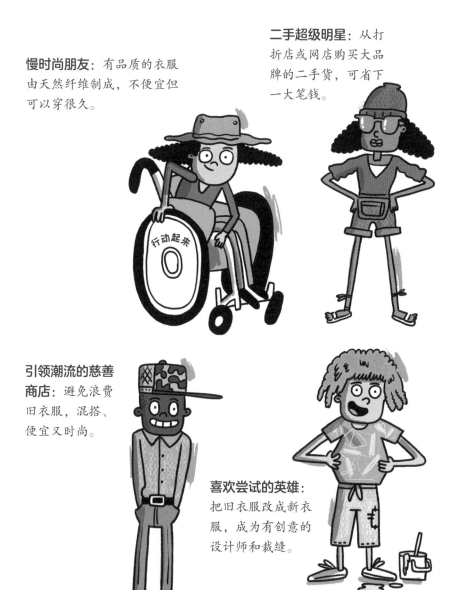

二手超级明星：从打折店或网店购买大品牌的二手货，可省下一大笔钱。

慢时尚朋友：有品质的衣服由天然纤维制成，不便宜但可以穿很久。

引领潮流的慈善商店：避免浪费旧衣服，混搭、便宜又时尚。

喜欢尝试的英雄：把旧衣服改成新衣服，成为有创意的设计师和裁缝。

行动起来

整理你的衣柜

整理一下你现有的衣服，给它们分分类：不合身的、从来不穿的、需要修改的或穿破的，还有你喜欢且一直在穿的。

从来不穿的衣服：
制作一些徽章、丝带或其他小装饰，重新设计之后再穿几年。也可以把它们送到慈善商店，或在父母的帮助下在网上出售。

不合身的衣服：
送到慈善机构，或送给适合它的朋友或家人。

穿破的衣服：
学着缝补，让它们焕然一新。

你喜爱的衣服：
留下它们，爱护、经常穿它们，穿破了就修补一下继续穿。

你的2分钟任务： 按照上面的方法整理你的衣柜。（5分）

超级英雄榜

名字：玛吉

职业：学生

超能力：发现便宜商品

如何应对气候变化：从网上或慈善商店买衣服

重要建议：买二手商品，既省钱也能拯救地球

厌恶：快时尚

喜好：发现隐藏的美好事物

玛吉

用你的洗衣机与气候变化作战

你已经懂得洗衣服要节约用水，但别忘了，怎样弄干衣服同样重要！当你家的洗衣机设置为低温洗衣，别忘了对滚筒式烘干机说"不"，滚筒式烘干机耗电量很大。洗衣服固然不是最有趣的事，但它能让你更好地保护地球，也能让你获得爸妈的支持和表扬。

你的2分钟任务： 做个晾衣服冠军！

下次用洗衣机洗完衣服，问问父母你能否将衣服挂在晾衣架或晾衣绳上晾干，而不是用烘干机。（10分）

在你的花园与气候变化作战

　　你家的花园、窗台或阳台，公园或学校，都是你开展应对气候变化活动的好地方。保护大自然，就是保护我们的生态系统，就是保护地球的平衡状态。任何室外空间，不管它有多小或多不起眼，都可以变成各种鲜花、昆虫和鸟类的家园。戴上你的超级英雄园艺手套，开始栽种吧。

你的花园如何帮助对抗气候变化

　　作为人类，我们有时会忘记大自然是我们在地球上的朋友，反而常常将它当作敌人！我们破坏草地、砍掉树木，仅仅为了铺上水泥路面。如果我们能更好地爱护动植物，我们的地球将会更加健康。你的一点小小的努力，能帮助大自然中的生物在你家附近生活得更美好。

向野生动物伸出援助之手

大自然很神奇，但它有时也需要你的帮助！由于栖息地的丧失和气候变化，许多原本很常见的哺乳动物、鸟类和昆虫处境艰难。

而你可以为这些鸟儿、小虫子和青蛙提供住处、食物和水。

用喂食器
喂鸟

放一个
浅水盆让
小鸟洗澡

种下蜜蜂等昆虫
喜爱的花

为喜欢爬来爬去的
小虫子堆一堆木头

不使用化学药剂

你的2分钟任务： 做一件或几件上述事情，让大自然中的生物在你的花园中有个家。（每件10分）

和蜜蜂友好相处

　　蜜蜂虽小却非常重要。它们为植物授粉，将雄蕊上的花粉传授到雌蕊上，让植物结籽儿，长出更多的植物。没有蜜蜂或其他可以传粉的昆虫，绝大多数植物就不能繁殖，那我们赖以生存的食物将会短缺！然而，由于栖息地的丧失和气候变化，蜜蜂的生存正受到威胁。在你的花园里造一个蜜蜂小屋帮帮它们吧！

你的2分钟任务： 建造一个蜜蜂小屋。（30分）

你需要：

一个陶土花盆
（深9~15厘米）、粗细不一
的竹竿、黏土、绳子。

1. 让大人帮你把竹竿截成适合花盆的长度。
2. 用绳子把竹竿绑在一起。
3. 在花盆底部放一些黏土，然后把竹竿插进黏土里固定。
4. 妥善安置你的蜜蜂小屋，把它放在一个不会淋雨，没有植物遮挡，而且光照充足的地方。记得冬天要把它挪到阴凉干燥的地方，比如车库。

超级英雄榜

名字：比利

职业：蜜蜂

超能力：帮植物授粉

气候变化带来的影响：季节紊乱，让我不知道该给哪种花授粉

重要建议：照顾好我们，我们能够促进作物生长，为你们提供丰富的食物

厌恶：田地里都是同一种作物

喜好：野花

比利

用你家的草坪与气候变化作战

小草也有应对气候变化的能力。它在生长过程中会吸收二氧化碳。这非常重要，因为应对气候变化，就是要帮助大自然尽可能多地储存碳。那就从你家的草坪开始吧，让草肆意地生长。另外，草坪上的草长得越高，就越适合虫子、小鸟和其他小动物搭巢筑窝。

你的2分钟任务：和父母商量一下，怎么让你家草坪上的草长得更高一些。如果你家喜欢整齐的草坪，你可以请求划出一块，把它变成野生动植物的乐园。当小草坪里的草长高时，照顾好里面的花儿、蜜蜂和其他昆虫。（20分）

储存雨水

我们抽取地下水净化后使用，这种方式也要消耗能源，也会影响气候变化。但想象一下，如果你可以收集免费的水资源，用它随时浇灌你的植物，那就太棒了！每次下雨的时候，把从你家屋檐上流下来的雨水存起来可以浇花用，这样就不用接上水管浇花啦！

你的2分钟任务： 任何不漏水的大容器，都可以用来在你家或学校接从屋檐上流下来的雨水。寻求大人的帮助，确保排水管里的水能流进容器里。同时要确保容器是敞开的，而且要足够大，可以方便用水壶取水。另外要确保装满后雨水可以溢出。（20分）

超级土壤

对热爱地球的超级英雄来说，沾上泥巴不算什么！

健康的土壤有利于应对气候变化，因为这种土壤里含有植物和作物生长所需的物质。没有健康的土壤，我们很难种出东西。因此，要在贫瘠的土壤中栽种就得依靠化学药剂和化肥。

如果你家有空地，可以试试堆肥，这是不用化学品提高土壤质量的一个好办法，这样就不需要垃圾车来把果蔬皮和花园废物拉走了，还可以节约运输能源。如果你家没有堆肥的地方，可以找爸爸妈妈帮忙，在小区附近找块闲置的地方，把收集的果蔬皮和花园废物做成堆肥。

> **你的2分钟任务：** 你可以用厨余垃圾、植物枝叶和割下的草在家里或学校制作堆肥。有些纸和纸板也可以放进堆肥箱里。这件任务花的时间会超过2分钟，但效果会让你很惊喜。（50分）

如何制作堆肥？

1. 找一个堆肥箱。
2. 把箱子放在温度适宜的地方，可以直接放在地上或坚硬的表面上。
3. 先放一些土壤（可以从花园里铲几铁锹土）。
4. 放入果蔬皮、纸和割下的草，盖上盖子。
5. 时常翻动一下，让空气进去。
6. 当它发酵分解之后（大概要几个月），就可以用在你的花园里了。

为什么蚯蚓是土壤的超级英雄？

♠ 它们会吃掉土里的虫子和烂掉的根。
♠ 它们能让空气进入土壤。
♠ 它们能让水分易于进入土壤。
♠ 它们的排泄物富含营养。

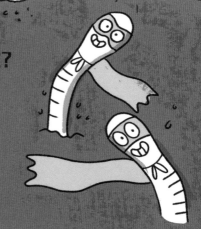

超级英雄榜

名字：威尔夫

职业：蚯蚓

超能力：让土壤更健康

气候变化带来的影响：我不得不努力帮助土壤增加碳存储

重要启示：即便是一条小小的蚯蚓也能改变世界

厌恶：鸟儿

喜好：排出粪便让土壤变肥沃

威尔夫

隐蔽的城市花园

如果你家没有花园，或者你住在没有多少户外空间的城市里，你同样可以为野生动植物营造空间。花儿和昆虫在哪里都可以茁壮成长，所以任何户外空间，比如窗台、阳台或者被遗忘的花圃，都可以用来帮助大自然。你需要做的事情就是热爱它，并照顾好它。

寻找一下有哪些地方，需要你这样的超级英雄的关爱。它可以是一个种植园，一块比手帕还要小的地方，还可以是公园里一个被遗忘的角落。

找朋友、家人和邻居帮帮你也不错哟。

♠ 清理垃圾。

♠ 找人帮忙，用园艺工具翻土，清除杂草。

♠ 在春天或秋天播种野花的种子。

♠ 完工后记得浇水，静待种子发芽长大。

你的2分钟任务： 成为一名业余园丁，创建自己的小花园。在你的小花园里建一个蜜蜂小屋，收集树枝或木头为小虫子建造一个家。你希望什么样的野生动物拜访你的花园呢？（30分）

任务10

绿色出行，与气候变化作战

上学、购物或者看望朋友家人时，你选择哪种出行方式呢？是乘坐汽车、公交车、火车，还是骑自行车？或者你有一张神奇的太阳能飞毯？这我倒是没想到！哈哈！

我想说的是，你的出行方式对气候有很大的影响。作为一名应对气候变化的超级英雄，你的任务是思考一下你和家人每天是怎样出行的。尽可能地试着做出一些改变，以减少对地球的影响，因为一点点改变都会带来不同。

对地球来说，最友好的出行方式是什么？

你可能会四处旅行，为拯救地球做一些好事。但出行的最好方式是什么？你应该步行、骑自行车、开车，还是坐公交车？我们先来做个小测试吧！

你的2分钟任务： 现在是出行方式测试时间！按照对地球友好程度的高低，给右页的出行方式排序。（10分）

出行背后的能源消耗

我们的运输网络使用许多不同的动力，其中化石能源对地球来说是污染最严重、最有害的一种，而电能更清洁（尤其是当电能来自可再生能源）。当然，用你自己身体的能量骑自行车或步行是最好的出行方式。

汽车
虽然电动汽车越来越普及，但汽车主要由化石能源（汽油或柴油）提供动力。如果出行时车里只有一名乘客，那算是对地球最不友好的方式了。

公交车
通常由化石能源（汽油或柴油）提供动力，也有混合动力（由化石能源和电提供动力）和电动型，一次可以运载多人。

火车
通常由电提供动力，也有用柴油的，一次可以运载很多很多人。

电动滑板车
由滑板内部的可充电电池供电，需要使用电。

自行车和步行
绿色环保的出行方式，对你的健康也很有好处。

改变你的出行方式

现在来看看你的出行方式吧。下次你要去什么地方的时候，想想它对地球是否友好，是否可以不开车，而是靠自己的能量出行。当你去学校、商店，或是拜访亲人朋友的时候，是否可以选择一个与平常不同的出行方式呢？

你现在是如何出行的？	拯救地球的出行方式
开车 ~~步行~~ ~~滑滑板~~ ~~骑自行车~~ ~~坐公交车~~ ~~乘火车~~	~~开车~~ 步行 滑滑板 骑自行车 坐公交车 乘火车

你的2分钟任务： 看看你下周的出行计划，是否可以考虑乘坐公共交通工具、步行或骑自行车呢？（每一次出行计10分）

为什么说步行棒极了？

你有没有想过只靠走路就可以拯救地球？

你做到了零碳排放（放屁不算！）。

走路的时候，可以和朋友、家人聊天。

结伴步行

　　结伴步行是一种新的出行方式，由父母组织、轮流陪同孩子们一起步行去学校。这种方式很不错，既可以让孩子们感到开心，有助于强健身体，也可以节省父母接送你的时间。

步行对你的身心
健康有帮助。

步行对你的父母也有很多好处。

你可以好好地看看周围
的世界。

步行有助于改善你的精神
状况，增强幸福感。

　　你的2分钟任务： 你是否可以步行去学校？如果你不能单独走路去，问问学校或父母，请他们帮忙组织附近的孩子们安排大家结伴步行。当你走路上学的时候，可以穿一件反光安全背心。（30分）

拼车去学校

如果步行太远，或者父母没有时间陪你步行上学，那你可能得坐汽车去学校。但开车接送孩子上下学会产生大量温室气体，这是个很大的问题。尤其是路途不是很远，只有一个家长和一个孩子在车上，这大大降低了资源的利用率。

接送孩子上下学的汽车行程数据： 在英国，每年有10亿次汽车行程是接送孩子上下学的。

如果你不能用其他方式去上学，有个好办法是，和住在附近的人一起拼车。如果找不到拼车的同学，你可以制作一张海报贴在学校，或问问老师和父母谁可以和你共用一辆车。制作一张早晨上学和下午放学的轮值表，这可以节省每个人的时间和钱！

你的2分钟任务： 开启你的拼车计划，和附近的同学一起上下学。你可能会因此结交到新的朋友，这也是一种额外的收获！（30分）

骑上你的自行车！

你和父母都有自行车吗？快让你的自行车飞驰起来吧！骑自行车是最清洁、最绿色环保的出行方式之一，既有益于身体健康，还便宜有趣。快骑上你的自行车，到广阔的户外呼吸新鲜空气吧！但是你必须年满12周岁才可以骑车上马路。

你会骑自行车吗？

有的学校有时候会为孩子们开设学骑自行车的课程，这些课程由专业的老师指导，内容包括熟悉自行车、如何发出转弯信号、如何安全地骑行。学习时，大家要在路标中骑车，最后成为一名超级自行车手（不允许披披风哟）。

你的2分钟任务： 你的学校有学习骑自行车的课程吗？如果有，请报名参加！如果没有，问问你的老师，学校是否能提供这样的课程。（20分）

和家人朋友一起快乐骑行

和家人朋友一起骑车是一件非常开心的事。选择一些没有繁忙交通的路线，不会堵车，既安全又干净，让人心旷神怡。切记，一定要戴上头盔哟！

你的2分钟任务： 制订一个骑行计划！选个风和日丽的日子，邀上你的亲朋好友一起去骑行吧！（20分）

踏板的力量

　　如果你不能骑车上学，也不能在居住地附近骑行，那么你可以尝试写信给当地政府，建议修一条人人都能安全骑行的畅通道路。别忘了提醒他们，骑车不仅有利于身体健康，也有利于保护地球。

　　超级英雄们，骑上你们的自行车，开启一趟真正的旅行吧！

你的2分钟任务： 写信给当地政府，建议规划安全的骑行路线，这样你就可以骑车去学校，去见朋友和亲戚，或者去商店购物了。（30分）

任务11

在节假日与气候变化作战

　　每个人都喜欢度假，但唯一的麻烦是……

　　外出或度假，尤其是去一个很远的地方，会增加你的碳足迹。这对超级英雄们来说意味着什么呢？

　　这不是说你不能去度假！每一位超级英雄完成任务后都需要休息放松一下。但是，你每年都是如何出行去度假呢？每次都是坐飞机去吧？快来一次假日出行方式大调整！

绿色环保出行最好的方式是什么？

　　简单来说，按每个乘客每公里消耗的能源计算，乘飞机是污染最大的一种出行方式，坐火车和公交车相对好一些。从前面的作战任务可以知道，步行和骑自行车是最好的出行方式。

　　你可能不能决定假期去什么地方、怎么去，但你可以影响家人的决定，以此应对气候变化。如果你能说服家人外出或度假时不坐飞机，那你对地球的帮助就很大。如果你能说服他们尽量不开车，而是坐火车、公交车，或是骑自行车、步行，那对地球就更好了。

如何度过一个环保的假期？

外出度假没必要一定去很远的地方。以下是一些环保的度假方式：

♠ 居家度假：宅在家里放松，做你平时想做却没时间做的事情。

♠ 国内度假：去国内的某个地方玩。

♠ 探险度假：到达目的地后，不要用车，开展有趣的户外活动。

♠ 自行车旅行：骑自行车旅行。但请确保你已经年满12周岁。

♠ 步行度假：先坐火车，然后步行。

♠ 野营度假：找个绝妙的地方露营。

环保度假小贴士

1. 别忘记带上可重复使用的水瓶。
2. 自备可重复使用的吸管。
3. 带上洗发皂，而不是一堆小包装洗发液。
4. 使用可重复利用的购物袋。
5. 把钱花在体验而不是购物上。
6. 到达目的地后，租借自行车或步行。
7. 品尝当地食物，购买当地生产的纪念品和礼物。
8. 在度假的地方做一名2分钟户外清洁者。

为什么居家度假很棒？

居家度假是最好的！居家度假就是待在家里度过假期，不用出远门，而且花费不多。你可以利用这段时间，做一些上学的时候没有时间做的事。

和朋友一起玩

远距离骑行

去博物馆或美术馆

尝试新的运动或活动

在家附近找到不用花钱就可以做的活动

在公园漫步

你的己分钟任务：下个假期尝试一下以上几种活动。（每种计10分）

和家人一起度过

坐火车去你从未去过的地方

花一天时间去海边、乡村或城市旅行
（取决于你住在什么地方！）

做点儿环保小事

超级英雄榜

名字：萨姆

职业：骑行者

超能力：自由骑行

如何应对气候变化：和爸爸一起骑行周游家乡

重要建议：从不放弃

厌恶：骑行上山

喜好：骑车冲下山

萨姆

在超市与气候变化作战

　　超市是开展应对气候变化活动的极佳场所，因为很多食物的种植、运输、包装产生的废弃物都对地球有害。这些都是很重要的问题，因为我们在努力减少能源的使用，对吧？

　　有些食物来自曾经是森林的地方；有些食物来自大块农田，那里常常只有一种作物，没有其他植物，也没有野生生物；有些食物经过几千公里的运输才来到我们这里。我们需要考虑一下我们要买什么，这些东西从哪里来。

当食物占据整个森林

　　因为人口多，所以我们需要大量土地种植粮食！有些地方，比如南美洲亚马孙雨林和印度尼西亚雨林，森林砍伐后用来种植农作物或者放牧。森林对地球的健康至关重要，你知道的，树木能吸收二氧化碳，在应对气候变化中起着非常重要的作用。

　　再见森林： 2017年数据显示，全世界每秒钟损失的森林面积比一个足球场还要大。

食物里程

超市让我们能够在冬天吃到草莓，买到每天午餐吃的香蕉，我们几乎可以在任何时候买到我们想要的任何东西。但问题是，把食物装上卡车、火车和轮船，从数千公里外运来再在超市售卖，会产生温室气体。我们得缩短食物里程！

包装垃圾

你家有多少垃圾是食品包装？

包装也是需要好好关注的事。首先，生产它们需要消耗资源，比如需要用石油和树木制造塑料和纸；然后，处理它们（运输和回收利用）同样需要消耗能源。所以，这也是一个会影响气候变化的大问题。

考虑本地应季的无塑料包装食品！

以前，我们吃不到世界各地的食物，都是吃本地种植的食物。那时，我们的饮食随着季节变化而变化，因为不同的东西生长在不同的季节：夏初的草莓，秋季的苹果！当地的食物对地球的影响更小，因为它们不需要经过数千公里的行程就能到达我们的餐桌。如果你能在农贸市场、当地商店购物，或者使用蔬菜箱，从而减少食品包装，那么在缩短食物里程和减少包装垃圾方面，你就能做得很好！

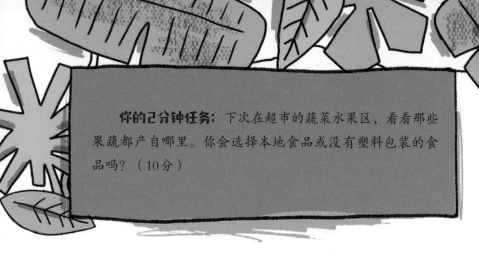

你的2分钟任务：下次在超市的蔬菜水果区，看看那些果蔬都产自哪里。你会选择本地食品或没有塑料包装的食品吗？（10分）

隐藏的原料

加工或包装好的食品，比如饼干、麦片和汉堡等，都是用各种原料制成的。问题是，很多原料在国外种植，然后运送到食品加工厂。还有很多原料是在砍掉树木建成的农场或种植园里种出来的。

超级英雄榜

名字：阿奇
职业：猩猩
超能力：勇敢
气候变化的原因之一：伐木者夺走森林以种植棕榈树
重要建议：拒买棕榈油
厌恶：人类砍伐森林
喜好：待在森林里而不被打扰

猩猩

拒用棕榈油

棕榈油广泛用在各种产品中，薯片、饼干、面包、比萨饼、方便面、冰激凌……

它价格便宜，使用范围广，因此棕榈树是马来西亚、印度尼西亚等国重要的农作物。但人们对棕榈油的需求太大，为了种植棕榈树，不惜砍伐了大量热带雨林。这破坏了猩猩等动物的栖息地，也导致大面积的土地变得不可用。大片森林永远消失了，这真的非常糟糕。

你的己分钟任务： 这个任务很好玩儿！下次和父母在超市买东西的时候，在包装袋上看看你购买食品的成分。你能在成分表中找到棕榈油吗？留意：

植物油、植物脂肪、棕榈仁、棕榈仁油、棕榈果油、棕榈油脂肪酸、棕榈酸酯、棕榈油精、甘油基、硬脂酸盐、硬脂酸、油棕油、棕榈酸、棕榈硬脂酸、棕榈酰、肉豆蔻基、棕榈酰四肽 -3、月桂醇聚醚硫酸钠、十二烷基硫酸钠、棕榈仁油酸钠、棕榈酸酯钠、月桂酰乳酰乳酸钠、氢化棕榈油甘油酯、棕榈酸乙酯、棕榈酸辛酯、棕榈醇

你可以选择带有RSPO（可持续棕榈油圆桌倡议组织）认证的产品。（20分）

在校园与气候变化作战

　　每年你在学校的平均时间有200多天，那可是你生活中的很长一段时间啊！所以，你可以像在家里、在花园里或在假期里一样，也在学校对抗气候变化。而且应该马上行动！

　　如果你把学校当成白天的生活场所，很容易就能想出来该怎么开展活动，以应对气候变化。如果你能邀请老师也加入进来，那就更好了。

　　老师是我知道的最友好、最热爱环保、最能鼓励人的人，他们和你一样想拯救这个地球。所以，还在等什么呢？

你要做的就是尝试

　　你的老师很可能已经是一个神秘的超级英雄，正不知疲倦地在幕后工作。他们每天都要想出很多课程计划和活动项目，尽最大努力让你在课堂上度过精彩的时光。所以他们很忙，可能没有时间考虑你们应该怎样开展应对气候变化的活动。不过没关系，你可以和他们谈谈这件事，告诉他们只要2分钟，就可以做出重要的改变。

在学校节约能源

学校消耗能源来照明、供暖，或者为计算机、打印机和各种设备供电，这意味着你的学校会产生碳足迹。如果你能积极帮助学校减少碳足迹，这就是在应对气候变化。

教室里没人或放学的时候，请关掉所有的灯！
这还可以省钱！在教室里的电灯开关处贴上标签，提醒每个人回家之前关掉电灯。

随手关灯

晚上关掉所有电脑！在每台电脑上贴上标签，提醒大家关机。

节约纸张，减少树木的砍伐！利用好每张纸的正反面！做好回收利用！

在学校节约用水

水是宝贵的资源，节约用水非常重要。

洗手的时候不要浪费水！洗好后尽快关闭水龙头。

只用马桶冲便尿、呕吐物和厕纸！湿巾和其他废弃物扔进垃圾桶，尽量避免不必要的冲水。

记得用可重复使用的水瓶！如果有喝剩下的水，可用来浇灌教室里或学校花园里的植物。

绿化

你已经了解了太阳能这种清洁能源，要是你们的教室全都由太阳提供能源，那该多好！太阳能可以供电，还可以烧水。它不仅不会产生任何温室气体、不会被耗尽，而且可以免费使用，甚至为学校赚一些钱。如果学校里还没有太阳能电池板，你可以跟老师提建议。就算学校不能马上安装，起码也可以让他们知道你的想法！

你的2分钟任务： 和老师讨论一下学校能否使用太阳能电池板。（50分）

在学校减少垃圾

处理垃圾的费用很高，而且垃圾对地球有害，所以减少垃圾不仅是应对气候变化的好方法，还会为学校节省经费！

浪费小知识： 每个小学生每年平均产生45千克垃圾。

纸张垃圾

学校的垃圾多源于影印、练习册和笔记本用纸。

你的2分钟任务： 如果教室里还没有废纸回收箱，请在老师的帮助下准备一个。（10分）

你的2分钟任务： 在老师的帮助下，查查哪里有旧笔、打印墨盒和包装袋回收站，跟他们取得联系，开展一次废旧物品回收活动。（30分）

食物浪费

谁没有吃光自己的午餐？食物浪费是学校的一个大问题。所有的食物在种植、运输、烹饪过程中，都会产生碳足迹。浪费的食物会被运到垃圾回收站，在那里分解时会产生温室气体——甲烷。

我知道，所有的超级英雄都爱自己的午餐！但你有可能没时间吃完所有食物，或者不喜欢当天的饭菜，也可能午餐时你还不饿。这些情况都会造成大量的食物浪费。

你的2分钟任务： 努力吃光自己的午餐，包括所有的水果和蔬菜。如果你吃不完，可以要一小份。鼓励你的朋友们也这样做吧。（20分）

塑料垃圾

酸奶罐、塑料吸管、糖纸、饮料瓶……你的书包或午餐盒里有很多一次性塑料制品吧？这些东西或许可以回收利用，可惜却被扔掉了。不过，最好还是把它们换成可重复使用的！

你的2分钟任务： 用可重复使用的饭盒装午餐。（10分）

你的2分钟任务： 请老师帮忙，在你们吃午餐的地方设立一个回收点。（20分）

任务14

植树，与气候变化作战

地球上所有生命，包括我们人类，都与其他生物互相依赖而生存。植物需要动物帮助传播种子，昆虫需要栖息地，鸟儿需要草地提供食物，我们也需要食物来生存。当这些关系遭到破坏的时候，就会出问题。

现在你已经知道该怎么照看花园或大自然里的鸟儿、昆虫和其他动物了，但是你了解树木吗？提起应对气候变化，树木可是伟大的超级英雄。

为什么树木超级重要？
跟你一样，树木也可以对地球产生巨大的影响。

树木通过光合作用长出新的叶子，抽出新枝，开出花儿。它利用光能，通过光合作用吸收二氧化碳，并利用其中的碳元素长出新的枝叶。在这个过程中，树木会释放出氧气，供我们呼吸。真奇妙！

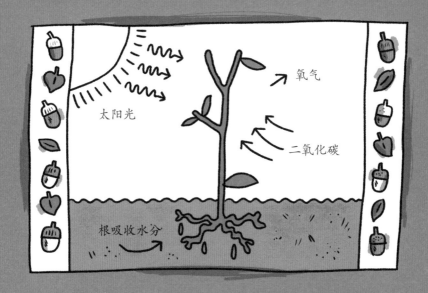

太阳光

氧气

二氧化碳

根吸收水分

如果没有足够的树木吸收我们产生的二氧化碳，那么大气中二氧化碳的含量将会持续上升，温室效应就会更加严重。所以你能做什么呢？当然是种树啦！

你的2分钟任务：埋下一粒种子很简单，但它长成一棵树需要的时间可比2分钟长多了！不过，有些树可以存活几千年，你的2分钟可谓影响深远。（50分）

1. 秋天收集一些树种，比如橡子。

2. 找一个有排水孔的花盆，在盆底放块石头，然后把堆肥装进盆里。

3. 把两粒种子放进盆里约2厘米深处，然后浇水。

4. 把盆放在室外阴凉的角落。用网盖住花盆，防止动物把种子挖出来。

5. 给种子浇水。随着它们的生长，把它们移植到更大的盆里。

6. 当它们长到40厘米高时，把它们移植到外面的土地里，这样它们就能长得又高又大了。

合理使用零花钱，与气候变化作战

来，让我们看看你的口袋或背包里面有什么。你有没有悄悄藏过零花钱？你的零花钱可以做很多事，怎么使用它也会对气候变化产生影响！想想看，零花钱也可以改变世界！

仔细选择你要买的东西

你是如何用零花钱的？买糖果、玩具、书，还是游戏？你会为去旅行或买自行车攒钱吗？关于如何使用零花钱，同时关爱我们的地球，这里有一些重要提示。

提倡	禁止
✔ 不买过度包装的东西	✗ 买包装华丽的物品。这是一种浪费，对保护地球没有任何帮助
✔ 把钱用在买书和体验上，比如去电影院或当地受欢迎的景点	✗ 买玩一次就扔到抽屉里或扔掉的东西
✔ 从旧物义卖处或慈善商店买二手物品	✗ 可以买二手物品却买新品
✔ 存钱购买会用许多年的物品，比如自行车	✗ 不断买新款物品

加入野生动物保护组织

你可以加入一个野生动物保护俱乐部，把你的零花钱支援给他们，用来保护猩猩、北极熊和许多濒危动物。作为回报，他们会寄给你杂志和活动资料包，告诉你如何应对气候变化、栖息地破坏和物种灭绝。看！又是双赢的好事！

助养一只动物

在野生动物园、自然保护区和动物收容所，有许多动物等待助养，特别是那些濒临灭绝的动物。作为爱心助养的回报，你可以获得助养证书和助养动物资料包。想象一下，你的零花钱正用在一只需要帮助的小动物身上。拥有一只海豹幼崽、北极熊、水獭或鹰，是多么酷的一件事情啊！是不是很令人兴奋？

任务 16

发出你的声音，
与气候变化作战

准备好迎接最重要的使命了吗？应对气候变化，和身边的朋友、同学一起呼吁吧！这个使命要求你学会坚持自己的信念。成为一名环保积极分子并不是一件容易的事，要想完成任务就必须做到这一点。我知道你能做到！

为什么地球需要你的声音？

地球需要有人为她挺身而出，需要那些勇敢又热心的人呼吁大公司和政府部门行动起来，保护地球。

乌龟、犀牛、豹子需要你，地球也需要你。

如何成为一名积极分子？

为应对气候变化发出你的声音，意味着人们会知道你对现实情况不满，意味着说出了你的想法，而有关部门听到你的声音，也许能做出一些改变。

无论是在学校演讲还是外出宣传，首先要确定的是，你的诉求是什么。如果人们不清楚你在干什么，那他们就什么也做不了！所以，你一定要清楚地表明你想要干什么。

想要废弃物更多地得到回收利用？

想规划更多的骑行路线？

想多种树？

想有更多的可再生资源？

想要更多的大熊猫？

想好之后，做一个决定！

你可以成为一名积极分子！

如何成为一名出色的活动家

要亲切！

知道自己想说什么，也愿意倾听别人的意见。

让别人听到你的意见，但不要破坏公物或伤害别人，或不顾别人的感受。

对那些不理解你的人保持微笑和友好。

不理会那些没有礼貌的人，支持你的人更多。

你希望自己能为身边的环境带来哪些改变?

你自己想做哪些事情?设立一个塑料收集点,在操场上组织一次垃圾清除活动,建造一个学校花园,还是召开气候变化大会?你可以开展很多能带来变化的活动。

你的2分钟任务: 为你想要组织的活动选择一个主题。和你的父母、同学、老师有礼貌地讨论这个问题以获得他们的支持。你可以发起一个倡议活动,看看有多少人同意你的倡议。(30分)

看看你周围的人,他们为保护环境做了什么事?

你关注过有哪些人和组织在保护我们的生存环境吗?他们是怎么做的?

中国在1978年开始成立各种保护环境的组织。其中有一个叫作"自然之友",它的创立者是梁从诫先生。梁先生出身于一个很有名望的家族,而他自己也是一个历史学者和教授。他本来生活在大学校园里,安安稳稳地做学问,却立志要为保护环境而奋斗,在61岁这年开启了另一段人生。他放弃了优渥的生活,为了保护我们的生存环境而四处奔波。

1998年,英国首相布莱尔访问中国,梁从诫趁此机会给他写信,请他设法制止英国的藏羚羊绒非法贸易,以支持中国反盗猎藏羚羊的斗争,布莱尔立即回信表示支持。现在,美丽的藏羚羊在大家的共同努力下获得了有效的保护,已经脱离了濒危处境。

超级英雄

名字：梁从诫

职业：历史学家、环保组织创立者

超能力：比周围的人更早发现保护环境的重要性

如何与气候变化作战：为保护环境而改变自己、改变人生

重要建议：从现在开始参与保护环境

喜欢：用废纸复印名片、随身携带筷子、始终以自行车代步

梁从诫

现在，我们的社会活跃着很多环保组织，他们为保护地球做了很多努力，地球因为有了他们变得越来越好。现在你也是一名超级小英雄，可以充分发挥你的智慧，参加或者组织一个环境保护小组，并举办一次保护环境的宣讲活动。

你的2分钟任务：和父母一起在你家小区组织一次环保公益宣讲活动。（30分）

你的2分钟任务：制作宣讲活动的宣传资料，包括海报、条幅等。（20分）

让我们一起拯救地球!

附加任务

拿起笔，与气候变化作战

现在，你已经是一个棒棒的超级英雄啦，你能拯救地球，这真不可思议！你完成了这本书里的所有任务，你为应对气候变化发挥了重要作用，做出了巨大贡献。如果你真的想让人们听到你的声音，那就去完成这项附加任务吧。

向有关部门写一封信

写信给当地的相关部门或组织，让他们知道你关心的气候变化问题。

气候变化关乎整个人类社会。我相信，他们收到你的信，会给你一个答复。

你的2分钟任务： 给当地政府写封信。你可以参照下面的内容写，也可以按自己的想法写。你认为他们在哪些方面可以做得更好？告诉他们什么对你很重要，你想改变的是什么。（100分）

尊敬的 ＿＿＿＿＿＿＿＿：

您好！

我叫＿＿＿＿＿，今年＿＿岁，就读于＿＿＿＿＿＿＿＿＿。给您写这封信，是因为我很担心气候变化。我已经在家里和学校做了很多改变，但我担心这远远不够。

我尽可能步行上学减少自己的碳足迹，但我无法让人们买电动汽车、投资可再生能源、乘坐比飞机便宜的火车。而您也许可以。

我可以在刷牙的时候关掉水龙头，避免浪费食物，但我不能打电话给工厂的老板，告诉他们停止那些为了利润而毁坏地球的行为。而您可以。

我可以鼓励同学们多回收利用、少制造垃圾、记得离开家时关灯，但我不能制定法律，让公司在晚上关掉办公室的灯，尽他们所能节约用电。而您可以。

所以，我想问一个问题：您在做这些事情吗？如果没有，为什么不做呢？我们的政府采取了哪些环保措施？

气候危机是我们这个时代最重要的问题，将决定我们未来的幸福。气候正在变化，我相信我们现在应该尽一切努力做出改变，而不是等待。

期待您的回复。

此致

敬礼！

＿＿＿＿＿＿＿＿

（签名）

任务完成

亲爱的超级英雄们，应对气候变化不是一件容易事，对吧？它不像与外星人战斗，也不像在暴风雨中惊险追捕。这更像是一种观念的抗争，而且这种观念还总是在变化。你看不到，也摸不到，但它会影响我们所有人。

到这里，如果你完成了所有的任务，那你可发挥了大作用啦。

你可能还看不到它带来的影响，但这很重要。

你的生活已经发生了一些令人惊奇的改变，我希望你在未来的岁月里喜欢这些变化。

你已经习惯步行上学，节约用电和其他资源，烹饪美味的食物，种了一棵树，你的生活融入了自然，你还为蜜蜂建造了一个家，学会爱护各种虫子，少用棕榈油，学会表达自己的观点，写信给当地的部门组织。哇哦！

你可能还和同学、老师讨论过气候变化，并帮助学校做出改变，让学校节省了数百升水，节省了很多电费！你已经成为一个超级英雄，真是不可思议！

你知道你的行为意味着什么吗？想象一下，你把一块石头扔进一个巨大而平静的池塘，石头落入水中，激起一片水花，继而整个池塘荡起涟漪。而在一个遥远的地方，一个你从来没有听说过的地方，涟漪波及一只变色龙，使它的生存机会大大增加，森林里有了足够的食物。在另一个遥远的地方，一个结冰的山坡上，涟漪波及一只北极狐，使它能够抚养幼崽，有足够的雪让它们躲藏。因为有了你，它们才能在这样的生态系统中生存。你、你的家人和朋友帮助了它们。

所以，超级英雄们，感谢你们所做的一切。但别停下来哟！我们为地球而战才刚刚开始。

祝你好运！

马丁

你的超级英雄评级

超级英雄分数

现在你已经完成了所有任务，是时候看看你是哪一级别的超级英雄了。

把你完成任务的所有分数加起来。

任务1: 计算你的碳排量

晴天的时候，找一间温室或是有大窗户的房间。观察一下，当阳光透过玻璃照进来的时候，室内的温度会有什么变化。你也可以找一支温度计，测一下室内和室外的温度，看看它们的温差。（5分）

思考一下你的碳足迹。你能想到一件明天就可以做的小事，来减少你的碳足迹吗？（10分）

任务总分: 15分

任务2: 想想你的动力来源

思考一下能源问题！想想今天你做了什么，是否用到了能源，用的是什么能源？（10分）

你家使用的能源来自哪里？你知道哪些能源企业利用可再生资源发电？和父母聊聊这方面的话题。（30分）

任务总分: 40分

任务3: 在家里与气候变化作战

数一下家里经常待机的设备，在每台设备上贴一张便笺：别浪费！拔掉插头！（20分）

制作一张包括所有家庭成员的表格。每当有人离开房间时关掉了灯，就奖励他一颗金色的星星。看看谁会成为节约能源的高手。（10分）

离开房间时请关门，这样可以阻止热量外散。（5分）

晚上拉好窗帘，保持室内

温度。（5分）

当你感觉有点儿冷时，穿上外套，而不是打开暖气。（5分）

在床上裹着毛毯，不要打开暖气。（5分）

放学到家后穿上羊毛袜子或者超级英雄拖鞋，这样你的脚就不会冰凉。（5分）

你的暖气是否设置了定时开关？问问父母，你是否可以改变它的设置。每天少开一小时也会有效果。（10分）

一起观看你们喜欢的节目，而不是各看各的，就像在电影院里，大家吃着爆米花和零食一起看同一部电影。这很有意思，而且有助于拯救地球！（10分）

负责家里的回收工作，做回收日的国王或女王，挑选出所有能回收利用的物品，并放进正确的垃圾箱。（10分）

任务总分：85分

任务4：在厨房与气候变化作战

如果你是一个爱吃肉的人，跟家人商量吃本地生产的肉。这是一件非常简单的事，但却能产生好影响。（20分）

找找相关资料，看看你经常吃的鱼是怎么来的。如果不够环保，试试换一种对海洋的可持续性更友好的选择。（20分）

如果你的晚餐没吃完，别急着倒进垃圾桶，对一些可以留待下次再吃的食物，把它们装起来第二天再吃吧。（5分）

任务总分：45分

任务5：节约用水，与气候变化作战

和父母一起制作一个马桶节水装置。（20分）

每天做一件节水小事。（共5件，每件5分）

任务总分：45分

任务6: 精简东西，与气候变化作战

把你所有的玩具都摆在卧室地板上。选出你最近几个月玩过的，把它们放在一起。剩下的玩具，包括那些坏了的或缺少零件的放在另一边。（5分）

把你的玩具捐给慈善机构，帮助筹集善款。（10分）

把你的玩具捐给福利机构，让其他孩子可以免费玩。（10分）

把你的旧玩具送给比你小的孩子，他们会非常喜欢的。（10分）

举办一次义卖活动，卖掉你不需要的玩具，让你的钱包鼓起来。（10分）

下次有人问你想要什么生日礼物或圣诞节礼物，考虑考虑你想做的事情，比如一些体验活动，而不是要更多的实物礼物。（20分）

任务总分: 65分

任务7: 正确使用小设备，与气候变化作战

问问父母，家里有没有不常用却处于待机状态的电子设备？是否可以拔掉它的电源插头？（5分）

检查一下你的旧设备，如果它们坏了，看看能不能修理好。如果不能，就回收再利用。如果可以使用，就把它们送给别人或者让父母帮忙卖掉。（20分）

任务总分: 25分

任务8: 管理好你的衣柜，与气候变化作战

观看网上的教学视频，制作可重复利用的口罩。你需要一件干净的旧棉T恤和一些松紧带。完成这个任务可能会超过2分钟，但它非常有意思，而且可以有效地减少浪费！（50分）

按照书中提到的一种方法整理你的衣柜。（5分）

做个晾衣服冠军！下次用洗衣机洗完衣服，问问父母你能否将衣服挂在晾衣架或晾衣绳上晾干，而不是用烘干机。（10分）

任务总分：65分

任务9：在你的花园与气候变化作战

做一件或几件书中提到的事情，让大自然中的生物在你的花园中有个家。（共5件，每件10分）

建造一个蜜蜂小屋。（30分）

和父母商量一下，怎么让你家草坪上的草长得更高一些。如果你家喜欢整齐的草坪，你可以请求划出一块，把它变成野生动植物的乐园。当小草坪里的草长高时，照顾好里面花儿、蜜蜂和其他昆虫。（20分）

任何不漏水的大容器，都可以用来在你家或学校接从屋檐上流下来的雨水。寻求大人的帮助，确保排水管里的水能流进容器里。同时要确保容器是敞开的，而且要足够大，可以方便用水壶取水。另外要确保装满后雨水可以溢出。（20分）

你可以用厨余垃圾、植物枝叶和割下的草在家里或学校制作堆肥。有些纸和纸板也可以放进堆肥箱里。这件任务花的时间会超过2分钟，但效果会让你很惊喜。（50分）

成为一名业余园丁，创建自己的小花园。在你的小花园里建一个蜜蜂小屋，收集树枝或木头为小虫子建造一个家。你希望什么样的野生动物拜访你的花园呢？（30分）

任务总分：200分

任务10：绿色出行，与气候变化作战

现在是出行方式测试时

间！按照对地球友好程度的高低，为书中列出的出行方式排序。（10分）

看看你下周的出行计划，是否可以考虑乘坐公共交通工具、步行或骑自行车呢？（每一次出行计10分）

你是否可以步行去学校？如果你不能单独走路去，问问学校或父母，请他们帮忙组织附近的孩子们安排大家结伴步行。当你走路上学的时候，可以穿一件反光安全背心。（30分）

开启你的拼车计划，和附近的同学一起上下学。你可能会因此结交到新的朋友，这也是一种额外的收获！（30分）

你的学校有学习骑自行车的课程吗？如果有，请报名参加！如果没有，问问你的老师，学校是否能提供这样的课程。（20分）

制订一个骑行计划！选个

风和日丽的日子，邀上你的亲朋好友一起去骑行吧！（20分）

写信给当地政府，建议规划安全的骑行路线，这样你就可以骑车去学校，去见朋友和亲戚，或者去商店购物了。（30分）

任务总分：150分＋你的旅行得分

任务11：在节假日与气候变化作战

下个假期尝试一下书中提到的几种活动。（共9种，每种计10分）

任务总分：90分

任务12：在超市与气候变化作战

下次在超市的蔬菜水果区，看看那些果蔬都产自哪里。你会选择本地食品或没有塑料包装的食品吗？（10分）

这个任务很好玩儿！下次

和父母在超市买东西的时候，在包装袋上看看你购买食品的成分。你能在成分表中找到棕榈油吗？留意书中提到的那些成分。你可以选择带有RSPO（可持续棕榈油圆桌倡议组织）认证的产品。（20分）

任务总分：30分

任务13：在校园与气候变化作战

和老师讨论一下学校能否使用太阳能电池板。（50分）

如果教室里还没有废纸回收箱，请在老师的帮助下准备一个。（10分）

在老师的帮助下，查查哪里有旧笔、打印墨盒和包装袋回收站，跟他们取得联系，开展一次废旧物品回收活动。（30分）

努力吃光自己的午餐，包括所有的水果和蔬菜。如果你吃不完，可以要一小份。鼓励你的朋友们也这样做吧。（20分）

用可重复使用的饭盒装午餐。（10分）

请老师帮忙，在你们吃午餐的地方设立一个回收点。（20分）

任务总分：140分

任务14：植树，与气候变化作战

埋下一粒种子很简单，但它长成一棵树需要的时间可比2分钟长多了！不过，有些树可以存活几千年，你的2分钟可谓影响深远。（50分）

任务总分：50分

任务15：合理使用零花钱，与气候变化作战

下次花零花钱的时候先想一想，你能选择一个对地球更友好的方式吗？（15分）

任务总分：15分

任务16：发出你的声音，与气候变化作战

为你想要组织的活动选择一个主题。和你的父母、同学、老师有礼貌地讨论这个问题以获得他们的支持。你可以发起一个倡议活动，看看有多少人同意你的倡议。（30分）

和父母一起在你家小区组织一次环保公益宣讲活动。（30分）

制作宣讲活动的宣传资料，包括海报、条幅等。（20分）

任务总分：80分

额外任务：拿起笔，与气候变化作战

给当地政府写封信。你可以参照下面的内容写，也可以按自己的想法写。你认为他们在哪些方面可以做得更好？告诉他们什么对你很重要，你想改变的是什么。（100分）

任务总分：100分

你是哪一级超级英雄?

现在你已经完成了这些2分钟任务,请将所得分数汇总起来。看看自己属于哪一级超级英雄?

0~499分

任务完成:你是一级超级英雄

曾经有人告诉我,行动才是最重要的。就是因为这样,你才成为了不起的一级超级英雄。你从一开始就站出来,行动起来。你现在做的事情可能有点无聊,或有点难,但你做得很出色。为此我向你致敬。我们不需要你完美。你只需要去尝试,去关心并继续拯救世界。你正在这样做。

你做得很好!现在是时候完成更多任务了。这样我就可以授予你二级超级英雄的称号了。

500~999分

任务完成:你是二级超级英雄

就是你,我的超级英雄朋友。你正在推广超级英雄活动,在做相关的事情,并完成了很多任务。你为地球做了很多伟大的事情,非常感谢你。你已经让自然融入你的生活,你种了树,甚至写信给当地的政府机关。你收到答复了吗?如果没有,也没关系。我们需要更多的"你",而不是更多的"他们"。

二级超级英雄的下一个目标是什么?把积分兑现还是去夺取金牌?如果我是你,我会继续努力实现三级英雄的目标!你可以做到的。加油!

1000分及以上

任务完成：你获得了三级超级英雄称号

天哪！地球需要更多像你这样的人。你已经完成了所有的任务，并且获得了很高的分数。因为有了你，地球变得更美好。你已经尽了自己的一份力，改善了世界。你会感觉很好，知道这些涟漪无论在哪里都会产生影响。你获得了最高分数。谢谢你，干得好！

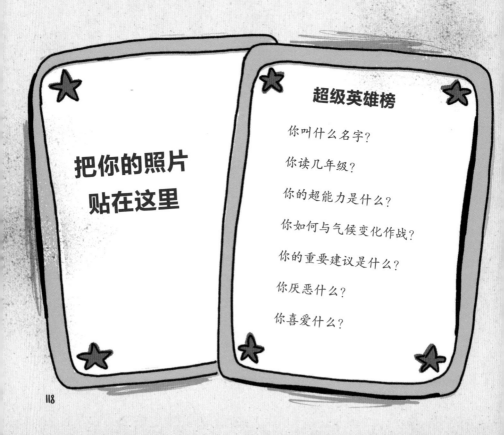

把你的照片
贴在这里

超级英雄榜

你叫什么名字？

你读几年级？

你的超能力是什么？

你如何与气候变化作战？

你的重要建议是什么？

你厌恶什么？

你喜爱什么？

马丁简介

你好，我是马丁·多里。我是一个冲浪爱好者、作家、沙滩爱好者、对抗塑料和气候变化的活动家。我和我的伴侣莉齐住在康沃尔的海边，她也被称为海草博士。她是一名园丁和植物学家，帮助我了解植物和光合作用以及那些我感兴趣的东西。我的孩子玛吉和夏洛特，和她们的狗鲍勃住在离我不远的地方。鲍勃是一只来历不明的中等个头的狗。玛吉是一名救生员，夏洛特为自己做了很多衣服。

我喜欢冲浪、散步等户外活动和种菜。我也经常做饭，尤其是当我开着野营车外出的时候。我也喜欢骑自行车，清理海滩，在阳光明媚的日子里和我最爱的人一起在海边醒来。

2分钟基金会

2分钟基金会是一个慈善机构，致力于每次花2分钟为地球做清洁。它始于许多年前的一项活动，当时，我发现当地一处海滩的海水中漂满了塑料瓶。我发誓，我要做些什么，我愿意做任何事来改变这种状况。

于是，我开始在社交媒体上发布照片打出"2分钟海滩清洁"的标签。我的想法很简单：每次去海滩，花2分钟捡起海滩垃圾，拍张照片，然后发布到社交媒体上，鼓励其他人也这么做。2014年，我们在康沃尔建立了8个海滩清洁站的网点，让人们在海滩捡拾垃圾变得非常容易。到2020年，我们已经有超过800个这样的网点，其中最繁忙的一个在一所学校。我们有成千上万的践行者，他们每天通过清洁海滩、减少生活中使用的塑料或捡拾居住地街道上的垃圾来为拯救地球尽一份力。

感谢：

莉齐；

蒂姆·威森；

黛西、罗瑞丝和所有沃克出版社的朋友；

尼基、多莉、乔蒂、杰克、克莱尔、海瑟、艾伦、泰伯、

亚当、梅尔文、凯特、安迪、艾玛和了不起的2分钟团队；

2分钟海滩清洁大家庭；

克里斯·海尼斯；

我的超级英雄亚当、查里、萨姆；

北极狐（品牌）、冲浪苍穹（品牌）、

伊甸园项目机构、地球之友组织、濒危反抗运动；

以及为世界变得更好而做出哪怕一点点努力的人们。